Bibliografische Information der Deutschen Nationalbibliothek:

Die Deutsche Bibliothek verzeichnet diese Publikation in der Deutschen Nationalbibliografie; detaillierte bibliografische Daten sind im Internet über http://dnb.d-nb.de/ abrufbar.

Impressum:

Druck und Bindung: Books on Demand GmbH, Norderstedt Germany
ISBN: 9783668414112

Dieses Buch bei GRIN:

http://www.grin.com/de/e-book/354884/regionale-disparitaeten-und-wettbewerbsfaechigkeit-von-regionen-in-der

Nikola Bobchev

Regionale Disparitäten und Wettbewerbsfächigkeit von Regionen in der Europäischen Union

GRIN Verlag

RWTH Aachen

Geographisches Institut

27.03.2015

Grundseminar Wirtschaftsgeographie

Seminarleitung: Marco Trienes

Sommersemester 2015

Hausarbeit

Regionale Disparitäten und Wettbewerbsfächigkeit von Regionen in der Europäischen Union

---

Nikola Bobchev

Nikola Bobchev

2. Semester

Studienfach: B. Sc. Angewandte Geographie

Inhaltsverzeichnis

1. Einleitung

Die Europäische Union ist eine der reichsten Wirtschaftszonen der Welt. Durch die Erweiterung der Union entstehen aber verschieden soziale und wirtschaftliche Ungleichheiten, die für die Weiterentwicklung Hindernisse darstellen können. Die regionalen Disparitäten sind in Europa nicht nur seit den letzten Jahren, sondern seit einigen Jahrzehnte zu sehen. Die regionalen Dispartitäten könnte man als Ungleichheiten bezeichnen, die für Regionen typisch sind, die hinter der allgemeinen Entwicklung zurückgeblieben sind (Arnold 1997:203). Die Differenzen zwischen den Ländern lassen sich mit Hilfe der Indikatoren erläutern.

Am Anfang dieser Hausarbeit werden der Begriff Region und das NUTS System verdeutlicht. Wie in dieser Arbeit herausgestellt wird, ist es durch die Indikatoren möglich, die Ungleichheiten als selbstständige Einheiten zu betrachten oder zu gruppieren. Unter dem Indikator „Bevölkerung“ lassen sich die Differenzen in den Bereichen Bevölkerungsdichte, Bevölkerungsentwicklung und Lebenserwartung ermitteln. Dabei wird die Europäische Union betrachtet. Durch die andere zwei Indikatoren, nämlich Wirtschaft und Beschäftigung, kann man das Bruttoinlandsprodukt und die Beschäftigungquote, beziehungsweise Arbeitslosenquote betrachten. Die oben genannten Indikatoren lassen sich differenzieren, indem sie, außer als nationale oder internationale Differenzen, auch als Stadt-Land, Zentrum-Peripherie, Ost-West bzw. Nord-Süd oder Männer-Frauen Disparitäten betrachtet werden können. Nach einer Erläuterung zu den Ungleichheiten in der Europäischen Union, werden die Ursachen für die Disparitäten, wo die Wirtschaftskrise eine wichtige Rolle spielt, näher erläutert. Abschließend werden die politischen Pläne zur Verbesserung der Wettbewerbsfähigkeit und Abbau der Disparitäten dargestellt und diskutiert.

2. Grundlagen der regionalen Disparitäten in der Europäischen Union

2.1 Was ist eine Region

Diese Fragestellung ist schwierig zu beantworten, da verschiedene Länder, verschiedene Definitionen darüber besitzen. Laut Europarat (Vorauer 1997:26) ist eine Region “eine menschliche Gemeinschaft, die innerhalb der größten gebietsmäßigen Einheit eines Landes liegt". Eine solche Gemeinschaft kann geschichtliche, kulturelle, geographische oder wirtschaftliche Homogenität haben, die die Bevölkerung als eine Einheit bildet und zur Verfolgung gemeinsamer Ziele und Interessen dient (Vorauer 1997:26). Abgesehen von der Geographie ist eine Region eine große Raumeinheit, die aus mehreren Landschaften besteht und ein historisch oder administrativ abgegrenztes Territorium mittlerer Größe bildet (Vorauer K. 26:1997). Dabei gilt die Homogenität als Maß für die Definition bestimmter Regionen.

Für die einfache Zuordnung der Regionen, sowie statistische Zwecke, verwendet die Europäische Kommission das NUTS-System.

Laut Eurostat[1] (2007:9) besteht das System für statistische Informationen bereits seit 1988, wobei es aber erst im Jahr 2003, nach der Entscheidung des Europäischen Parlaments und des Rates, zur Verfügung gestellt wurde. Das NUTS-System bezieht sich auf die regionale Gliederung der Länder. Dieses System unterteilt die Regionen in 4 Ebenen.

Abbildung für die Veröffentlichung entfernt.

Abb.1: NUTS Klassifikation. Eurostat[2] 2015

Laut Eurostat[2] (2015:Abs.1) umfasst "die aktuelle Nuts-2013-Klassifikation, die seit 1. Januar 2015 gültig ist, 98 Regionen auf NUTS-1-Ebene, 276 Regionen auf NUTS-2-Ebene sowie 1342 Regionen auf NUTS-3-Ebene". Die Bevölkerung einer NUTS-1-Region beträgt zwischen 3 und 7 Mio. Einwohner, bei der NUTS-2-Regionen zwischen 800 000 und 3 Mio. Einwohner und bei NUTS-3-Regionen zwischen 150 000 und 800 000 Einwohner (Eurostat[1] 2007:10). Es gibt aber auch Ausnahmen, auf die in Abschnitt 2.1.1 genauer eingegangen wird. Die Klassifizierung der Regionen auf der NUTS-3 Ebene ist in der Lage die Verteilung der Bevölkerung zu bestimmen, nämlich ob die Bevölkerung einer Region ländlich, städtisch oder gemischt verteilt ist. Laut

Eurostat[8] (2015:Abs.1) ist eine Region als „überwiegend ländlich" klassifiziert, wenn mehr als 50% der Einwohner in „ländlichen" Gebieten leben. Zu Intermediär gehören Regionen, deren Bevölkerung in „ländlichen" Gebieten zwischen 20 und 50% verteilt ist und als "überwiegend städtisch" sind Regionen bezeichnet, deren Bevölkerungsanteil unter 20% in "ländlichen" Gebieten liegt.

2.2 Indikatoren

2.2.1 Bevölkerung

Die Bevölkerungsverteilung in Europa ist von großer Bedeutung für die Entstehung der regionalen Disparitäten. Aus den unterschiedlichen NUTS-Ebenen ist ersichtlich, dass die Bevölkerungsverteilung sehr unterschiedlich ist. Laut Eurostat[1] (2007:12) hatte Nordrhein-Westfalen in Deutschland auf der NUTS-1-Ebene die meisten Einwohner im Jahr 2005, deren Anzahl 18 Mio. betrug, während die Region Aland in Finland die geringste Einwohnerzahl hatte, nämlich 26 000 Einwohner. Der Vergleich ist auch auf NUTS-3-Ebene zu beobachten, wo die spanischen und italienischen Provinzen Madrid, Barcelona, Mailand, Rom und Neapel, aber auch die Hauptstadt Deutschlands über 3 Mio. Einwohner aufwiesen, während in einigen NUTS-3-Regionen in Deutschland, Spanien, Belgien und Österreich die Einwohnerzahl im Jahr 2005 bei weniger als 50 000 Menschen lag (Eurostat[1] 2007:12).

Beim Vergleich der Bevölkerungsdichte auf Stadt-Land Ebene mit Hilfe der Abbildung 2 entstehen deutliche Differenzen. Nach Eurostat[3] (2013:Abs.3) lag mehr als die Hälfte der EU-27 Fläche in Regionen, die als überwiegend ländlich bezeichnet sind, während zu überwiegend städtischen Regionen nur 10% der gesamte EU-27 Fläche gehörten. Dies erscheint Paradox, wenn man die Bevölkerungsdichte betrachtet. Hier leben 41% der Bevölkerung der EU-27 in überwiegend städtischen Regionen und nur 23% in überwiegend ländlichen Regionen. Die Länder mit den größten städtischen Konzentrationen sind Malta (100% der Bevölkerung), die Niederlande, das Vereinigten Königreich (je 71%) und Belgien (68%) (Eurostat Pressemitteilung 2012:1). „In der EU-27 wuchs die Bevölkerung in städtischen Regionen im Jahr 2010 um 5,2% je 1000 Einwohner und in intermediären Regionen um 2,2%, während sie in ländlichen Regionen um 0,8% abnahm." (Eurostat Pressemitteilung 2012:1).

Abbildung für die Veröffentlichung entfernt.

Abb.2: Stadt-Land Typologie nach NUTS-3-Regionen. (Eurostat[3] 2013)

Wenn die Verteilung der Bevölkerung genauer betrachtet wird, nämlich in der NUTS-3 Verteilung, wird klar, dass die Bevölkerungsanzahl in überwiegend ländlichen Regionen sinkt. Laut Eurostat[3] (2013:Abs.11) gab es im Jahr 2011 in fast allen ländlichen NUTS-3-Regionen Bevölkerungsabnahme. In Siauliu Apskritis (Litauen) wurde mit -22,7% der größte Wert ermittelt. Durch die statistischen Daten von Eurostat lässt sich darauf schließen, dass die Mehrheit der europäischen Bevölkerung in überwiegend städtischen Regionen konzentriert ist.

Des Weiteren ist das Bevölkerungswachstum auch ein Indikator zum Messen regionaler Disparitäten. Die Bevölkerung der EU-28 stieg im Zeitraum von einem Jahr (ab 1. Januar 2012 bis 1. Januar 2013) um 1.1 Mio. Das größte Bevölkerungswachstum durch internationale Wanderung wiesen Luxemburg (+18,9%), Malta (+7,4) und Italien (+6,2%) auf, während die Länder mit den größten Abwanderungsraten im Jahr 2012 Lettland (-5,8%), Estland (-5,7%) und Griechenland (-4,0%) waren (Eurostat Pressemitteilung 2013:1). Wenn das natürliche Wachstum betrachtet wird, findet eine Verlagerung statt, sodass anderer Länder die jeweiligen Spitzenwerte erreichen. Durch Betrachtung der Differenz zwischen Lebendgeburten und Sterbefällen bei

Babys in EU-28 je 1000 Einwohnern lag im Jahr 2012 Irland mit +9,5 deutlich vor Zypern (+5,2%) und Luxemburg (+4,0%) (Eurostat Pressemitteilung 2013:1). Als negativer Punkt dieser Erhebung kann hervorgehoben werden, dass die Quote der Sterbefälle sehr hoch ist. Nach den Daten von Eurostat Pressemitteilung (2013:1) wurden im Jahr 2012 5,2 Mio. Kinder geboren, während die Anzahl der Sterbefällen bei 5 Mio. lag. Dabei wiesen zwölf Mittgliedstaaten ein negatives natürliches Wachstum auf.

Als anderer Indikator kann die Lebenserwartung genannt werden. „Die mittlere Lebenserwartung ist ein in der Gesundheits- und Sozialberichterstattung häufig verwendetes Maß zur Beschreibung der gesundheitlichen Lage einer Bevölkerung"(Lampert / Krol 2014:2). Bei dieser Messung, aus Abbildung 3 zu entnehmen, erscheinen deutliche Unterschiede zwischen Männern und Frauen.

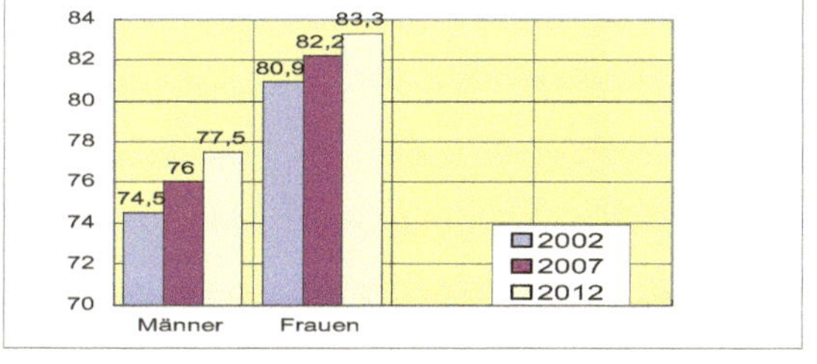

Abb.3: Die Lebenserwartung ab 2002 bis 2012 bei Männern und Frauen in der EU-28. (Datenabruf Eurostat[4])

Die durchschnittliche Lebenserwartung in EU-28 nahm seit 2002 (bis 2012) mit 2 Jahren bei den Männern und mit 2,2 Jahren bei den Frauen zu. Damit lag die Lebenserwartung für Männer bei 77,5 Jahren und bei Frauen bei 83,1 Jahren.

Wenn die Lebenserwartung genauer analysiert wird, nämlich durch das NUTS-2-System, betrug die niedrigste durchschnittliche Lebenserwartung, bei Geburt im Jahr 2007, 66,3 Jahren bei Männern in Litauen und 76,3 Jahren bei den Frauen in der bulgarischen Region Severozapaden. Die höchste Lebenserwartung für Männer wurde mit 81,8 Jahren in der finnischen Region Aland und bei Frauen mit 86,6 Jahren im schweizerischen Tessin berechnet (bpb.de 2011:Abs.3).

Daraus kann geschlussfolgert werden, dass durch die Erhöhung der Lebenserwartung in der Europäischen Union und das natürliche Bevölkerungswachstum, welches eine leicht positive

Differenz aufweist, eine generelle Alterung der Gesamtbevölkerung stattfindet.

2.2.2 Wirtschaft

Als wichtigster Indikator für die Messung der Wirtschaftskraft eines Landes gilt das Bruttoinlandsprodukt. "Das Bruttoinlandsprodukt (BIP) ist ein Maß für die wirtschaftliche Tätigkeit in einer Volkswirtschaft. Es ist definiert als Wert aller neu geschaffenen Waren und Dienstleistungen, abzüglich des Wertes aller dabei als Vorleistungen verbrauchten Güter und Dienstleistungen" (bpb.de 2013:Abs.7). Es ist sinnvoll das BIP pro Kopf zu betrachten, da dieser Wert unabhängig von der Gesamteinwohnerzahl ist. Das BIP je Einwohner wird in Kaufkraftstandard (KKS) umgerechnet, um die Preisunterschiede in verschiedenen Ländern zu vermeiden.

Wenn die Statistik der Eurostat für BIP pro Kopf in KKS auf NUTS-2-Ebene beobachtet wird, entstehen kritische Unterschiede zwischen den Regionen. Als Beispiele können die Region Severozapaden in Bulgarien, wo das BIP pro Kopf im Jahr 2009 nur 27% des EU- Durchschnitts erreichte, und die britische Hauptstadtregion, deren BIP pro Kopf 332% des EU-Durchschnitts betrug, verglichen werden (Eurostat[5] 2012:Abs.5). Laut Eurostat[5] (2012:Abs.5) besaßen 2009 folgende Regionen nach der britischen Hauptstadtregion das höchste BIP je Einwohner:

Luxemburg (266% des EU-Durchschnitts), die Région de Bruxelles-Capitale/Brussels Hoofdstedelijk Gewest (223%) in Belgien und Hamburg (188%) in Deutschland. Hervorzuheben ist dabei, dass viele Regionen mit einem hohen BIP pro Kopf in Hauptstadtregionen liegen.

Wenn die Karte der Eurostat betrachtet wird, die auf NUTS-2 basiert, ist in dunkel lila erkennbar, wo sich die wirtschaftlich starken Regionen in Europa befinden. Hier lässt sich der Zentrum-Peripherie Unterschied erkennen. In Zentraleuropa besteht eine hohe Konzentration der Regionen, deren BIP je Einwohner über EU-27 Durchschnitt liegt, während die Länder in Osteuropa offenbar weniger über EU-27 Durchschnitt liegende Regionen aufweisen. Nach offiziellen Daten von Eurostat[5] (2012:Abs.6) gab es im Jahr 2009 22 Regionen, in denen das durchschnittliche BIP pro Kopf höchstens 50% des EU-27 Durchschnitts erreichte. Diese Regionen, deren Bevölkerung 38,5 Mio. Menschen betrug, liegen in Bulgarien, Ungarn, Polen, Rumänien und der Slowakei.

Abbildung für die Veröffentlichung entfernt.

Abb.4: BIP je Einwohner in KKS nach NUTS-2-Regionen. (Eurostat[5])

Wenn die Regionen genauer analysiert werden, nämlich auf NUTS-3- Ebene, werden große Ungleichheiten innerhalb einer NUTS-2-Region deutlich. Ein Beispiel dafür ist die bulgarische Hauptstadtregion Yogozapaden, die auf NUTS-2 Ebene ein durchschnittliches BIP je Einwohner in KKS 75% des EU-27 Durchschnitts erreicht.

Laut Eurostat[5] (2012:Abs.8) betrug bei genauerer Analyse auf NUTS-3-Ebene das durchschnittliche BIP je Einwohner im 2009 in Region Sofia (Hauptstadt) 104,3%, während bei den anderen 4 Regionen Werten unter 50% beobachtet wurden. Das Phänomen ist noch stärker in Deutschland ausgeprägt, wo in Oberbayern (NUTS-2-Region) sehr starke Disparitäten zwischen NUTS-3-Regionen ermittelt wurden. Ein gutes Beispiel sind die NUTS-3-Regionen Fürstenfeldbruck und der Landkreis München. Das durchschnittliche BIP je Einwohner in KKS in Fürstenfeldbruck betrug 52,3% des EU-27 Durchschnitts, während der Landkreis München 330,2% erreichte (Eurostat[5] 2012:Abs.9).

Des Weiteren ist eine Stadt-Land-Differenz zu erkennen. Im Jahr 2010 betrug das von überwiegend städtischen Regionen erwirtschaftete BIP 54,3% der EU-27, während es von überwiegend ländlichen Regionen bei nur 15,3% lag (Eurostat[3] 2013:Abs.27). Trotzdem wurde im Zeitraum 2000 bis 2010 eine größere Progression der BIP pro Kopf in überwiegen ländlichen Regionen im Vergleich zu überwiegen stadtischen Regionen beobachtet. Nach Eurostat[3] (2013:Abs.28) betrug das durchschnittliche Wachstum in überwiegend ländlichen Regionen in diesem Zeitraum 3,2%, während es bei überwiegend städtischen Regionen bei 2,6% lag.

2.2.3 Beschäftigung

Neben dem Bruttoinlandsprodukt ist die Beschäftigungsquote in den Regionen von großer Bedeutung für die Ermittlung des wirtschaftlichen Zustands eines Landes. Die Beschäftigungsverteilung ist nicht proportional in Europa und bei einer Analyse sind deutliche Differenzen zwischen den Länder zu erkennen. In den meisten Länder ist die Beschäftigungsquote in überwiegend städtischen Regionen höher als in überwiegen ländlichen Region. Solche Unterschiede sind besonderes in der Peripherie zu erkennen, nämlich in Bulgarien (mit einer Differenz von 12,8%), Slowakei (10,9%), Finnland (8,4%), Estland (7,3%), Litauen (7,1%) und Rumänien (6,6%) (Eurostat[3] 2013:Abs.25). Durch die Beschäftigungsquote, lässt sich der Anteil der Erwerbstätigen an der Bevölkerung einer bestimmten Altersgruppe erkennen.

Variation der Beschäftigungquote ab 2003 bis 2013 in Prozent in Altersklasse 15-64 Jahre in den EU-27

Belgien	2.2	61.8*	Italien	-0.5	55.6*	Rumänien	2.1	59.7*
Bulgarien	7.0	59.5*	Lettland	3.2	65.0*	Schweden	1.5	74.4*
Dänemark	-2.6	72.5*	Litauen	2.6	63.7*	Slowakei	2.2	59.9*
Deutschland	8.3	73.3*	Luxemburg	3.5	65.7*	Slowenien	0.7	63.3*
Estland	5.5	68.5*	Malta	6.6	60.8*	Spanien	-5.0	54.8*
Finnland	1.2	68.9*	Niederlande	0.7	74.3*	Tschech. Rep.	3.0	67.7*
Frankreich	0.2	64.1*	Österreich	3.4	72.3*	Ungarn	1.4	58.4*
Griechenland	-9.4	49.3*	Polen	8.8	60.0*	Verein. Königr.	-0.7	70.8*
Irland	-5.0	60.5*	Portugal	-7.0	61.1*	Zypern	-7.5	61.7*
*: Beschäftigungsquote im Jahr 2013 in Prozent								

Abb.5: (Datenabruf: Eurostat[6] 2014)

In Abbildung 5 sind die Veränderungen der Beschäftigungsquote im Zeitraum von 10 Jahren und die Beschäftigungsquote im Jahr 2013 zu sehen. Polen, Deutschland, Bulgarien und Malta kennzeichneten sich durch größte Entwicklung der Beschäftigungsquote aus, während bei Griechenland, Zypern und Portugal ein starker Rückgang zu beobachten ist. Hierbei besaß Griechenland die niedrigste Beschäftigungsquote im Jahr 2013.

Bei einer Analyse der Regionen auf NUTS-2-Ebene entstehen wieder deutliche Unterschiede. Auf der Abbildung 6 ist gut zu sehen, dass viele Regionen von Mittel- und Nordeuropa im Jahr 2012 eine Beschäftigungsquote von über 75% aufzeigten, während bei südeuropäischen Regionen häufig Werten unter 60% beobachtet wurden. Die Spannweite bei dieser Erhebung ist groß. Zum Vergleich lassen sich die finnische Region Aland, die der Spitzenreiter mit einer Beschäftigungsquote 2012 von 86,4% war, und die süditalianische Region Campania vergleichen, deren Beschäftigungsquote fast halb so Hoch war, nämlich 43,7% (Eurostat[7] 2014:Abs.4).

Abbildung für die Veröffentlichung entfernt.

Abb.6: Beschäftigungquote in der Altersgruppe 20-64 Jahre nach NUTS-2-Regionen im 2012. (Eurostat[7] 2014)

Zu der Arbeitslosenquote kann gesagt werden, dass sie Umgekehrt proportional der Beschäftigungsquote ist. Dies lässt den Rückschluss zu, dass in Südeuropa die höchste Arbeitslosenquote vorliegt. Nach Eurostat[7] (2014:Abs.40) waren 2012 die Länder mit der höchsten Arbeitslosenquote Spanien und Griechenland. In Spanien lagen 13 NUTS-2-Regionen mit mindestens 20% Arbeitslosenquote und in Griechenland 10 dieser Regionen. Im Vergleich dazu waren in Deutschland die meisten Regionen mit den niedrigsten Arbeitslosenquoten. Gute Beispiele hierfür sind Freiburg, Tübingen und Trier, bei denen 2012 die Arbeitslosenquote unter 3% lag (Eurostat[7] 2014:Abs41)

2.3 Ursachen für die Disparitäten

Wenn man die Regionen, wo eine hohe Bevölkerungskonzentration vorliegt, mit wirtschaftlich starken Regionen vergleicht, lässt sich ein Zusammenhang erkennen. Des Weiteren lässt sich vermuten, dass die Lage und der wirtschaftliche Zustand einer Stadt von großer Bedeutung für die Bevölkerungskonzentration sind. Gute Beispiele dafür sind die Städte, die in der sogenannten „Blaue Banane" liegen. Diese Städte weisen besonders starke wirtschaftliche Entwicklungen, sowie hohe Bevölkerungsdichten auf. Außerdem zählen Hauptstädte wie Paris, Madrid und Rom, aber auch Hafenstädte wie Hamburg, Lissabon, Porto, Barcelona und Valencia dazu, in denen ein hohes BIP und ständig steigende Einwohnerzahlen vorliegen.

Auch das Klima ist für die Verteilung der Bevölkerung von Bedeutung. Als Beispiele können die klimatisch ungünstigen Regionen in den Alpen und skandinavischen Ländern, die eine deutlich niedrige Bevölkerungsdichte aufweisen, genannt werden.

Für größerer Unterschiede zwischen den Regionen mit hohen und niedrigen BIP je Einwohner auf NUTS-3-Ebene dient der sogenannte Pendlerstrom. Als Beispiel kann die Region mit der größten Einwohnerzahl auf NUTS-1-Ebene genannt werden, nämlich Nordrhein-Westfalen. Nach Daten von IT.NRW (2014:Statistik) wurde eine Zunahme der Auspendler in NRW ab 2010 bis 2013 von rund 240 000 Menschen berechnet, wo die Zahl der Auspendler im Jahr 2013 bei 4 274 675 lag. Daraus lässt sich schlussfolgern, dass fast jeder zweite Erwerbstätige in NRW nicht in seinem Wohnort arbeitet.

Als Hauptursache für die Vertiefung der wirtschaftlichen Disparitäten kann die Wirtschaftskrise genannt werden. Laut Eurostat[7] (2014:Abs.39) ist die Arbeitslosenquote in EU-28 ab 2008 bis 2012 mit der Entstehung der Finanz- und Wirtschaftskrise um 51,3% gestiegen und die Zahl der Arbeitslosen im Jahr 2012 bei 25,3 Millionen Menschen lag. Besonders betroffen waren die

Menschen im Alter zwischen 15 und 25 Jahre. Als Grund für die Jugendarbeitslosigkeit kann der Arbeitsplatzmangel für nicht hoch ausgebildete Menschen genannt werden.

3. Abbauen der Disparitäten

Die Europäische Kommission hat mit Hilfe von verschiedenen Projekten versucht, die regionale Wettbewerbsfähigkeit in Europa zu erhöhen und damit die Disparitäten zwischen den Länder zu verkleinern. Die Verstärkung der Wettbewerbsfähigkeit in den wirtschaftlich schwachen Regionen trägt zur Erhöhung des Einkommensniveaus und dadurch zu besseren Lebensbedingungen bei. Schon bei der Süderweiterung der EU, wo Spanien, Portugal und Griechenland aufgenommen wurden, wurden Unterstützungsprojekte diskutiert. Infolgedessen wurde der sogenannte "Kohäsionsfond" gegründet, der bis heute noch aktiv ist. Dieser Fond soll Mitgliedsländer unterstützen, die ein pro-Kopf-BIP unter 90% des EU Durchschnitts haben. Der größte Anteil von dem Geld wird zur Unterstützung der peripheren Regionen verwendet. Ein Beispiel ist die Förderperiode 2000 bis 2006, wo 70% des Geldes in die peripheren Gebiete flossen (Burdack 2009:40). In der Förderperiode 2007 bis 2013 wurden für Struktur- und Regionalpolitik 347,4 Mrd. Euro zur Verfügung gestellt. Den größten Anteil dieses Geldes erhielten Polen (67,2 Mrd. Euro) und Spanien (35,2 Mrd. Euro) (Burdack 2009:38). Ein gut von diesem Fond profitierendes Land ist Irland, das starke Entwicklung aufwies. Sein BIP pro Kopf lag am Anfang des Projekts im Jahr 1988 bei 65,9% unter des EU-15 Durchschnitts und im Jahr 2001 betrug es 117,7%, und damit weit über dem EU-15 Durchschnitt (Burdack 2009:40).

Es wurden andere politische Ziele für wirtschaftliche Entwicklung und Abbauen der Disparitäten im Laufe der Zeit geplant. Ein solcher Plan war die "Lissabon Strategie", die im Jahr 2000 beim Gipfeltreffen in Lissabon erstellt wurde. Die Absicht des Europäischen Rats war, Europa im Zeitraum von 10 Jahren (bis 2010), "zum wettbewerbsfächigsten und dynamischsten wissensbasierten Wirtschaftsraum der Welt" zu reformieren (Scherb 2012:1). Als Ziele wurden bessere Grundlagen für kleine und mittlere Unternehmen, allgemeine Verbesserung der Wirtschaft, aktive Beschäftigungspolitik, Innovationen in Forschung, Bildung und Ausbildung, Modernisierung des Sozialschutzes und Förderung der sozialen Integration gesetzt.

Die zwei Hauptziele, nämlich Erhöhung der Beschäftigungsquote auf 70% und Steigerung der

internationalen Investitionen auf 3% des BIP, wurden nicht erreicht. Laut Scheb (Scherb 2012:5) betrug die Beschäftigungsquote im Jahr 2000 62% und im Jahr 2008 66%, die internationale Investitionen stiegen bis 2008 nur mit 0,08% und lagen bei unbefriedigenden 1,9%. Trotzdem bewertete die EU-Kommission die Strategie nicht als gescheitert. Gründe dafür waren die Erweiterung der Mitgliedstaaten, der Eurozone, und als Hindernis die globale Wirtschaftskrise.
Ab 2010 wurde eine neue Strategie "Europa 2020" verabschiedet, die die Nachteile der Lissabon-Strategie in nächsten 10 Jahren nicht aufweisen soll, jedoch gleichzeitig ihre Ziele erreichen soll.

4. Zusammenfassung

Am Ende dieser Hausarbeit wurde ein Einblick in einige der wichtigsten Faktoren für Unterschiede in der Europäischen Union herausgestellt. Die Stadt-Land, Zentrum-Peripherie, sowie Nord-Süd und Ost-West Ungleichheiten wurden mit Hilfe der Indikatoren wie Bevölkerung, Wirtschaft und Beschäftigung möglichst genaue erläutert. Aus Faktoren Bevölkerungsdichte, Bevölkerungsentwicklung und Lebenserwartung ist man in der Lage die Schlussfolgerung wie Alterung der Gesellschaft zu ziehen. Es wurde festgestellt, dass durch die Beschäftigungsquote und das BIP je Einwohner der wirtschaftliche Zustand der Regionen festzustellen ist.
Des Weiteren wurde deutlich, dass die Indikatoren miteinander zusammen hängen und sich gegenseitig beeinflussen. So ist die Konzentration der Bevölkerung in wirtschaftlich stark entwickelten Regionen hoch. Als andere Gründe für die Disparitäten wurden der Einfluss der Wirtschaftskrise, Klima und zunehmenden Pendlerquoten festgestellt. Schließlich wurden noch die Pläne der Europäischen Union zur Vermeidung der regionalen Ungleihheiten und Erhöhung der Wettbewerbsfähigkeit gezeigt.
Am Schluss dieser Arbeit kann geschlussfolgert werden, dass obwohl die Disparitäten für die Europäische Union charakteristisch sind, dienen sie für die Eigenart der Regionen innerhalb der Europäischen Union. Trotz der Unterschiede ist die Europäische Union eine der führenden Mächte in der Weltökonomie und aufgrund der starken Ambitionen und richtigen Zielen wird die Situation auf lange Sicht Verbesserung aufweisen.

Literaturverzeichnis

Arnold, H. (1997) Regionale Disparitäten in der EU. In: Zeitschrift für Wirtschaftsgeographie 4 201-212

Bundeszentrale für politische Bildung (2011): Lebenserwartung bei der Geburt <http://www.bpb.de/nachschlagen/zahlen-und-fakten/europa/70509/lebenserwartung> abgerufen am 20.3.2015

Bundeszentrale für politische Bildung (2013): Bruttoinlandsprodukt pro Kopf <http://www.bpb.de/nachschlagen/zahlen-und-fakten/europa/70546/bip-pro-kopf> abgerufen am 20.3.2015

Burdack, J. (2009): Europäische Raumstrukturmodelle und räumliche Disparitäten In: Brücken, Barrieren, Bilder. Leipzig: Selbstverlag Leibniz-Institut für Länderkunde

Eurostat[1] (2007): Regionen in der Europäischen Union. Luxemburg: Amt für amtliche Veröffentlichungen der Europäischen Gemeinschaften.

Eurostat[2] (2015): NUTS Klassifikation <http://ec.europa.eu/eurostat/web/nuts/overview> abgerufen am 23.3.2015

Eurostat[3] (2013): Statistiken über die Entwicklung des ländlichen Raums nach Stadt-Land-Typologie <http://ec.europa.eu/eurostat/statistics-explained/index.php/Rural_development_statistics_by_urban-rural_typology/de> abgerufen am 20.3.2015

Eurostat[4] (2014): Lebenserwartung bei der Geburt, nach Geschlächt <http://ec.europa.eu/eurostat/tgm/table.do?tab=table&plugin=1&language=de&pcode=tps00025 > abgerufen am 20.03.2015

Eurostat[5] (2012): BIP und Konten der privaten Haushalte auf regionaler Ebene <http://ec.europa.eu/eurostat/statistics-explained/index.php/Archive:GDP_and_household_accounts_at_regional_level/de> abgerufen am 20.3.2015

Eurostat[6] (2014): Beschäftigungstatistik <http://ec.europa.eu/eurostat/statistics-explained/index.php/Employment_statistics/de >

abgerufen am 22.3.2015

Eurostat[7] (2014): Arbeitsmärkte auf regionaler Ebene <http://ec.europa.eu/eurostat/statistics-explained/index.php/Labour_markets_at_regional_level/de> abgerufen am 20.3.2015

Eurostat[8] (2015): Klassifizierung na Typ - städtische/ländliche Regionen <http://ec.europa.eu/eurostat/de/web/rural-development/methodology> abgerufen am 22.3.2015

Eurostat Pressemitteilung (2013) Europäische Demographie. <http://europa.eu/rapid/press-release_STAT-13-173_de.htm> abgerufen am 20.03.2015

It.nrw.de (2014): Pendler in NRW <https://www.it.nrw.de/statistik/b/daten/eckdaten/r543Pendler.html> abgerufen am 22.3.2015

Lampert,T./Krol,L. (2014): Soziale Unterschiede in der Mortalität und Lebenserwartung. Berlin, Robert Koch-Institut GBE Kompakt.

Mesil, R. (2013): Das regionale Dilemma der Europäischen Union. In: Mitteilungen der österreichischen geographischen Gesellschaft. Wien: ÖGG

Scherb, J. (2012): Lissabon-Strategie. In Handellexikon der Europäischen Union. Baden-Baden: Bergmann

Statista.com (2015): Bevölkerungsdichte in Mitgliedsstaaten im Jahr 2012 <http://de.statista.com/statistik/daten/studie/74693/umfrage/bevoelkerungsdichte-in-den-laendern-der-eu/> abgerufen am 20.3.2015

Statista.com (2015): Lebenserwartung bei der Geburt in Mitgliedsstaaten im Jahr 2012 <http://de.statista.com/statistik/daten/studie/954/umfrage/lebenserwartung-bei-geburt-in-ausgewaehlten-laendern-der-europaeischen-region/> abgerufen am 20.3.2015

Vorauer, K. (1997): Europäische Regionalpolitik - Regionale Disparitäten. Passau: L.I.S. Verlag.